伟大的发明
天才与灵感的杰作

宇宙中的星体
打开探索宇宙的大门

奇境森林
动物和植物的天堂

猫的家族
拥有美妙脚爪的敏捷猎手

神奇的火车
归看铁轨远的未来

各种各样的鱼
水下的奇妙世界

改变世界的电
高电压与超导体

大自然的力量
难以估量的威力

沙漠之旅
探队、绿洲和无尽的沙丘

忠诚的狗
四只爪子的英雄

美丽的蝴蝶
色彩斑斓的自然精灵

浩瀚宇宙
宇宙的秘密

蚂蚁和白蚁
了不起的建筑师

野生动物
从未被驯服的野性

蜜蜂和胡蜂
美味的蜂蜜与可怕的蜇针

潜水的魅力
潜入水下的迷人世界

狼的故事
走进荒野捕食者的领地

奇趣萌宠
人类的好朋友

鸟类不简单
天空中的捕猎高品

显微镜探秘
肉眼看不见的微小世界

未完待续……

WAS
IST
WAS
珍藏版

野生动物

从未被驯服的野性

[德] 克里斯廷·帕克斯曼 / 著　张依妮 / 译

航空工业出版社

方便区分出
不同的主题！

真相
大搜查

5

为大象所设的幼儿园？来了解一下人们使用什么样的方法，来帮助非洲的小象吧！

15

黑猩猩是很厉害的攀爬者。

"快过来深深地注视我的眼睛吧！"眼镜猴在晚上也拥有非常好的视力。

如此漂亮的毛刷般的耳朵，并不是每一只动物都有的！这双耳朵对猞猁来说就像是天线一样。

18

25

符号 ▶ 代表内容特别有趣！

30

郊狼的叫声真棒！来探索北美草原狼的生活环境吧！

美洲豹、细腰猫、黑豹或虎猫：谁的皮毛最美丽？ **35**

体型较小的沙袋鼠也属于袋鼠家庭。

47

会游泳的海底"吸尘器"：体重可达 900 千克的儒艮。

42

重要名词解释！

困境中的大象

真好喝：这瓶奶的味道 跟妈妈的母乳一样！

达芙妮·谢尔德里克与她的团队已经用奶瓶喂大了超过50只小象。

我的名字叫夏亚。当达芙妮·谢尔德里克找到我时，我的体重只有 500 千克。虽然这个体重令人难以置信，但对于一岁半的大象宝宝来说，是非常轻的。那时我已经在肯尼亚的热带草原上独自徘徊了好几天——我的象群，还有我的妈妈都不在身边。我没有被狮子吃掉可以说算是一个奇迹。但我很伤心，以至于我根本就没有时间感到害怕。而且我还口渴极了，因为我习惯在妈妈身边吃奶。我们大象宝宝会吃整整四年的母乳。

达芙妮是我的救星！

如果没有达芙妮，我就没有生存的机会。她把我带到了她的育儿园，这就像一家专门给小象开设的幼儿园。在那里，她已经养育了许多成为孤儿的小象，因为我们大象对牛奶不耐受，所以需要特殊配方，而她第一个发现了可以替代大象母乳的奶粉配方。我们象宝宝在早上、中午和晚上都会得到一瓶奶，嗯，可以说是很巨大的一瓶奶。刚开始我还不知道，这个带着橡胶奶嘴的奇怪玩意儿是干什么用的，然后负责照顾我的一位饲养员，把自己藏在一条灰色的毯子后面，并且只伸出奶瓶给我喝，我开始对他信任起来。现在我已经熟悉了所有的饲养员，所以我会接受他们其中任何一个人递给我的奶瓶。达芙妮时常会在我耳边小声告诉我，有许多人照顾我是一件很重要的事情，这样我就会拥有许多的依恋对象。我们大象非常黏人，如果我们喜欢上了某人，就不会再忘记他。达芙妮告诉我，有只小母象的饲养员病了一个

知识加油站

▶ 约有 65 万只大象生活在非洲。许多救援组织都在致力于保护大象，并且阻止偷猎者的杀戮行为。

▶ 早在 750 万年前，第一批长得像大象的动物就已经出现了！

在大象孤儿院里，小象身上被披上毯子，以避免被阳光灼伤。在野外，小象通常躲在成年大象的身影下。

➡ 你知道吗？

1934 年，达芙妮·谢尔德里克出生在肯尼亚。她丈夫曾经是察沃国家公园的领导人员，1977 年，达芙妮与丈夫一起设立了大卫·谢尔德里克野生动物基金会（DSWT），这是一个动物保护组织，也是象宝宝的乐园。达芙妮致力于救助遭受身心创伤的大象，并因此获得了许多奖项。

星期，在这期间，小母象因为过度思念它的饲养员，悲伤地死去了。

大象的一片绿洲

达芙妮很早就认识到，对我们象宝宝来说什么事物是重要的。在她的大象乐园里有棚屋，还有一个可以躺在里面的巨大泥坑，以及围有栅栏的牧场，因为除了母乳以外，我们还要吃许多绿草。一只成年大象每天要吃掉多达 200 千克的绿草，虽然我还不能吃这么多，但达芙妮总是对我说，我把她头上的头发都要"吃光"了。而且她说，因为我做的一些蠢事，她的头发都变白了。其实她早已满头白发，她的年龄已经超过 80 岁了。50 年来，她一直都在照顾着象宝宝。

象牙的遭遇

等我长到了至少两岁，就会在察沃国家公园被释放到野外，然后我就可以组建一个自己的家庭。在非洲，我们大象仍然会被偷猎者捕杀，因为他们想要取走我们的象牙，并且以高价卖出。偷猎者只会让我们小象活着，因为我

们还没有长出象牙，所以就会独自留在这个世界上。我想，恐怕我妈妈也是被他们杀死的。想要阻止偷猎者的猖獗行为很难，但像达芙妮·谢尔德里克这样的动物保护者，会为我们争取权益。而且在研究大象心理方面，她做出了伟大的贡献。她发现了我们拥有非常敏感的心灵，并且也深知我们在失去一切的时候最需要什么。如果没有遇到特殊情况，我们大象的寿命可以超过 60 岁，我会在这一生的时间里，都记得达芙妮·谢尔德里克。有些人说"记忆力与大象一样好"，这句话是千真万确的！

去泥坑玩耍吧！泥浴对大象的皮肤很重要，泥层可以防止皮肤受到炎热与日晒的伤害。

我的饲养员在哪里？小象很清楚地知道人们何时会给它喂食。

什么是野生动物?

狐蝠

空中

水中

陆地

虎鲸

狐獴

茂密的森林、一望无际的热带草原、神秘的洞穴、粗犷的山区、深邃的海洋、冰冷的极地——在理想状态下,野生动物以野生环境为家。但它们也越来越多地迁入城市,因为它们逐渐从原来的生活环境中被驱赶出来。野生动物没有被驯服,并且不属于任何人。与它们不同的是,家畜是被人类作为农场动物或宠物培育出来的。许多家畜曾经是野生动物,但大多数如今已经无法在野外生存。一些知名的野生动物都属于哺乳纲,哺乳动物的种类非常丰富,并且形态也多种多样。

什么是哺乳动物?

狗、牛、树懒、长颈鹿、鲸、蝙蝠、犀牛等都是哺乳动物,虽然它们的外表完全不同,并且栖息地也大多不一样。如今,在地球上生活着约 6000 种哺乳动物,它们拥有其中一个共同点——都是脊椎动物。但爬行动物与鸟类也同样属于脊椎动物,所以哺乳动物还拥有更多的特征,比如,它们绝大多数都是胎生。

▶ 你知道吗?

金黄地鼠的妊娠期很短,仅约两周,而非洲象的妊娠期几乎长达两年!

狗宝宝的"奶饮店":哺乳动物的乳头数目,对应着它们平均产仔的数量。

袋鼠可以在母亲提供的育儿袋里成长。

而恐龙的体温则依赖阳光照射。哺乳动物可以食用更多种类的食物，因为它们拥有不同形状和功能的牙齿。这些哺乳动物比恐龙更聪明，也更灵活，它们构成了最原始的哺乳动物（原兽亚纲动物）。

如今的原兽亚纲动物

生活在澳大利亚的鸭嘴兽属于现今尚存的原兽亚纲动物之一。后兽亚纲的有袋类动物，如树袋熊、袋鼠、负鼠等，由原兽亚纲发展而来。有袋类动物现在仅生活在澳大利亚、新西兰与南美洲，这一称呼是怎么来的呢？很简单：它们出生的时候还很小，这些小幼崽爬入母亲的育儿袋，并且寻找乳头，开始吸奶。这些幼崽无法在母亲的肚子里长大，因为袋鼠妈妈与其他的哺乳动物不一样，它没有胎盘，所以无法给胎儿提供营养。

哺乳动物的分类

原兽亚纲：
▶ 单孔目

后兽亚纲：
▶ 有袋类

真兽亚纲：
▶ 长鼻目
▶ 啮齿目
▶ 食虫目
▶ 翼手目
▶ 鲸　目
▶ 食肉目
▶ 奇蹄目
▶ 偶蹄目
▶ 兔形目
▶ 蹄兔目
▶ 管齿目
▶ 海牛目
▶ 贫齿目
▶ 鳞甲目
▶ 树鼩目
▶ 皮翼目
▶ 灵长目
▶ 象鼩目
▶ 鳍足目

早期的哺乳动物

早期的哺乳动物体型非常小，并且不断地受到各种威胁，它们必须保护自己不受到天敌恐龙的捕食。6500万年前，一颗威力巨大的小行星撞击了墨西哥境内尤卡坦半岛，引发了一系列的连锁反应：大量的灰尘所形成的厚云层使阳光无法照射到地面，同时这场撞击还导致了全世界范围内的火山爆发、海啸与地震。这样就形成了一场气候灾难，恐龙在一连串的灾难中无法适应，最终走向了灭绝之路。但哺乳动物却存活下来了！因为哺乳动物有一个巨大的优势：它们是胎生的！这就意味着它们可以把幼崽带到新的生存环境里，而恐龙卵生的繁殖方式与哺乳动物胎生的繁殖方式相比，劣势相当大。另外，哺乳动物的毛皮可以抵御寒冷，而且作为恒温动物，可以一直保持同样的体温；

鸭嘴兽属于单孔目动物，也是原兽亚纲仅存的少数动物之一。虽然它们属于哺乳动物，但是它们会下蛋！

灭绝动物陈列馆

猛犸象灭绝于 4000 多年前，是我们今天大象的祖先。剑齿虎在 10000 多年前就已经灭绝。如今气候变化导致物种不断灭绝，栖息地受到限制，使得动物们从世世代代的栖息地被赶出来，人类对动物毛皮的贪婪掠夺使得大量野兽被捕杀。人类已经逐步意识到保护物种的重要性。

不可思议！

在俄罗斯，人们经常发现成木乃伊状的猛犸象尸体，它们被封存于永久冻土中，所以保存完好。长时间以来，科学家都致力于"猛犸象复活"的项目。据说 20 至 30 年后，猛犸象就可以重新复活……

渡渡鸟

渡渡鸟是一种体型庞大的不会飞的鸟，仅产于印度洋毛里求斯岛。自从 300 年前人类来到该岛上，带来了成群的老鼠，于是渡渡鸟的蛋与幼鸟成了这些老鼠的美食，致使这种鸟类灭绝。

爪哇虎

人类的农业生产导致爪哇虎的居住地被大量侵占，爪哇虎失去了它们的栖息地，数量急剧减少，直至灭亡。这些老虎被人们捕杀至尽。从 2003 年开始，爪哇虎被归为已灭绝的动物之一。

斑 驴

到 1850 年左右，世界上只剩下少数生活在南非的野生斑驴。这种大型哺乳动物主要因为它的肉可食用而受到追捕。1883 年，最后一头斑驴死在阿姆斯特丹动物园里，死因可能是衰老。

袋 狮

5 万年前，袋狮还漫步于澳大利亚大陆，穿梭于森林和灌木丛中。它的脚爪很长，拥有强大的捕食能力，这使它能杀死大型猎物。在 19 世纪，当殖民者将大片土地变成牧场时，也导致了有袋类动物的灭绝。

剑齿虎

两颗长长的、向下弯曲的犬齿是剑齿虎的标志。剑齿虎为何拥有如此长的牙齿，这个问题在学术界仍然存有争议。也许它们利用长牙来威胁其他动物？还有一种说法是，它们使用长牙来杀死已经疲惫不堪的猎物。剑齿虎属于猫科动物，它们约在 1 万多年前灭绝。

濒危动物红色名录

世界自然保护联盟（IUCN）每年都会公布一批红色名录，记载着最新濒危动物与植物种类。世界自然保护联盟的资料显示，在约 5488 种哺乳动物中，有 1141 种动物属于濒危级别。从 1500 年到现在，已经有 83 种动物灭绝。

猛犸象

巨大的猛犸象是一种已灭绝的象科动物。它们生活在冰河时期，全身长有厚厚的长毛，可以抵御寒冷，完美地适应了当时的气候。猛犸象是被石器时代的人们捕杀至灭绝，还是因为冰河时期后的气候变暖而灭绝，我们至今不得而知。

非洲——大型动物的家园

非洲面积有 3000 多万平方千米，是仅次于亚洲的第二大洲。非洲纵跨赤道南北两大气候带——热带与亚热带，穿越三大植被类型——荒漠、热带雨林与热带草原。非洲中部主要是热带气候带，这里有广袤无垠的热带雨林与热带草原，并且是物种最丰富的地带。许多大型动物也生活在这里，如河马、大象、长颈鹿、斑马、犀牛与狮子。非洲北部与南部是广阔的荒漠与干草原。

只有尼罗河畔有河马吗？

据说，河马曾生活在尼罗河畔，所以过去人们称它们为尼罗河河马，但今天人们一般都只使用河马这一名称。大约在 12 万年前，河马还曾在莱茵河畔生活过。河马是继大象之后的第二大食草动物，它们的体重可达 4500 千克。

长达 50 厘米！

最大的陆地哺乳动物之一

非洲象生活在热带草原上，与亚洲象不同，它们拥有更大的耳朵，可以帮助它们更好地散热。而且在非洲象的鼻末端有两个指状突起，但亚洲象只有一个。非洲象一天可以吃掉 200 千克木头、树根、树叶和草，并且可以喝掉 100 升水。

非洲赞比亚的旅馆

不可思议！

如果在大象们常经过的路边建造一家旅馆，会发生什么事情呢？大象们可能会穿过大门，然后去花园偷吃杧果。这种事情每年都会发生。

长颈鹿——像高高的楼房

长颈鹿是现今陆地上身高最高的哺乳动物，一只雄性长颈鹿可高达 6 米。长颈鹿属于偶蹄目，它那长长的脖子能让它吃到喜欢的食物，比如长在高高树梢上的细嫩叶子。长颈鹿身上的斑点是一种天然的保护色，同时也有调节体温的作用。在每块斑点周围都有一根血管，这些血管会帮助身体散热。

具有保护作用的伪装

斑马的身上有着引人注目的条纹。这些条纹的作用之一就是散热，因为在白色与黑色条纹之间，会形成一股气流。斑马身上的条纹还可以帮助它们藏身于群体中，免受食肉动物的袭击。如果斑马群看见敌人，它们就开始奔跑，背部、腿部、脖子与头部——一切都在动态中，这些条纹图案也在移动。对食肉动物来说，要想在这一片混乱中，清楚地分辨出某个单独的个体，是一件非常困难的事情。

不愿被打扰的犀牛

犀牛属于奇蹄目动物，它们的体重可达 3600 千克。犀牛的鼻梁上长有一到两个角。它们在 5000 万年前就已经生活在地球上了。这些不愿被打扰的独行者，在黄昏与夜间出来吃草。在黑暗中，它们可以利用出色的嗅觉与听觉来辨识方向。

狮子——骄傲的大型猫科动物

狮子是唯一群居的大型猫科动物。雄狮负责领导并且捍卫整个狮群，它又长又浓密的鬃毛能起到威慑其他雄狮的作用。雌狮会带着雄狮一起，去广阔的热带草原上捕猎，雄狮通常躲在隐蔽处，只在雌狮驯服猎物后才给予致命一击。狮子较少攻击体型大而重的大象与犀牛。

大型与小型
食肉动物

在短距离内，猎豹奔跑速度可超过每小时 100 千米！

非洲遍地都是大型猫科动物，如狮子、花豹、黑豹与猎豹，它们都是在非洲大地上快速奔跑的捕食者。在晚上，花豹的视力比人类要敏锐 6 倍，而且它们非常善于攀爬。黑色的花豹被称为黑豹。

花豹还是猎豹？

人们经常混淆花豹与猎豹，因为它们身上的斑纹很相似。但在其他方面，它们则截然不同：猎豹的体型修长，它们的腿比花豹要长，并且细很多。猎豹皮毛上的斑点比花豹要细小，头也比花豹小很多。猎豹是世界上奔跑速度最快的陆地动物。

小小的捕食者

耳郭狐也被称为沙漠小狐，它是体型最小的犬形亚目动物，但却拥有一双大耳朵。耳郭狐的汗液由耳朵排出，这意味着它可以通过大耳朵散热。这一点极为重要，因为它生活在炙热的环境里，并且没有汗腺。它在夜间捕捉昆虫、蜥蜴与小型啮齿动物。耳郭狐喜欢群居，最多会与十只同类居住在一起。

花豹经常趴在树上。它们在这里休息，并且伺机袭击猎物。花豹在捕捉到猎物后，会把猎物拖到树枝上来。

耳郭狐的大耳朵能帮助它获寻猎物。借助耳朵，它可以听见最微小的响声。

胡狼与鬣狗是干草原与热带草原上的清洁工。两种动物都是
食腐动物，它们会吃其他食肉动物剩下的"盘中餐"。

非洲的瞪羚群可能由超过 1000 只成员组成。它们非凡的奔跑
速度是躲避捕食者的最佳武器。

胡狼也生活在群体里，但它们属于另外一种犬形亚目动物。在黑暗里，它们独自或者成群地捕食体型较小的动物，尽管有机会时也吃腐肉。它们喜欢待在狮子附近，因为这样就可以在狮子饱餐一顿后得到剩下的猎物。鬣狗属于鬣狗科动物，与它们最近的亲戚不是狗，而是猫，其中数量最多的群体是斑鬣狗。斑鬣狗个性凶猛，拥有非常强有力的颌骨，甚至可以粉碎角马与斑马的骨头。非洲野犬拥有棕色、白色、黑色的斑点，是一种社会性极强的动物，在群体中，年幼、受伤或者年老的同伴会得到照顾。非洲野犬也以群体形式狩猎，在这个过程中，它们会长时间地追捕猎物，直到猎物精疲力竭，放弃挣扎。

草原上的"舞蹈演员"

狐獴是一种属于獴科的小型食肉动物。它们生活在大家族里，群体中的个别成员——所谓的"哨兵"会担负监视周围环境的任务。因为它们放哨时仅用后腿直立，所以看起来很像人类。有时整个狐獴团体都会迅速地把头从一边转向另一边，看上去像芭蕾舞团里精心排练的动作，让人觉得非常可爱。

快速逃生

一群羚羊优雅地跳跃于热带草原上。羚羊与它们的亲戚角马、高角羚、叉角羚和其他羚羊亚科动物一样，各自形成了非洲草原上的大型动物群。它们的奔跑速度很快，配合也很默契，所以可以借助团体的力量抵御食肉动物的袭击。

➡ **你知道吗？**

在古代宫廷，猎豹曾被训练成君王的狩猎伴侣，但因为当时无法人工培育猎豹，所以这种宠物就渐渐消失了。

注意，狮子来了！我敢打赌，狮子也怕被这么多双眼睛盯着吧？

来自非洲的亲戚

类人猿属于灵长目动物，是我们人类最近的亲戚。世界上三分之二的类人猿种类，如大猩猩、黑猩猩与倭黑猩猩，都生活在非洲。还有一些类人猿生活在亚洲，比如红毛猩猩。猴科动物也属于类人猿亚目，其中有 26 种生活在非洲，例如狒狒与山魈。

大猩猩过着群居生活，每个群体由一只年龄较大的雄性领导，这只雄性被称为"银背"。雌性大约每四年生一只幼崽，哺乳期超过一年。偷猎者与埃博拉病毒威胁着大猩猩们的生命。

大猩猩

栖息地：非洲热带雨林

寿命：可超过 50 年

食物：植物、树根、块茎、树皮、果实

天敌：鳄鱼、花豹

濒危等级：极危动物

鲜红的鼻子、蓝色的脸颊、金色的毛发、彩色的屁股——山魈是世界上身体色彩最丰富的哺乳动物之一。它们以群居为主，一个群体大约有 20 个成员，群体首领是一只色彩特别鲜艳的雄性。

山魈

栖息地：非洲中部的热带雨林

寿命：可达 30 年

食物：种子、果实、青蛙、蜥蜴

天敌：蛇、花豹、老鹰

濒危等级：易危动物

狒狒

栖息地：半沙漠、草原、稀树草原

寿命：可达 35 年

食物：树叶、树根、果实、草、鸟蛋、昆虫、小型哺乳动物

天敌：花豹、鬣狗、狮子

濒危等级：低危动物

狒狒是群居动物，成员可多达 250 只。如果有小狒狒出生，会被狒狒母亲们集体精心照顾。人们很容易从狒狒像狗一样突出的吻部与雄性狒狒的鲜红色臀部辨认出它们。鲜红色臀部的作用之一就是在求偶时吸引雌性。

黑猩猩

栖息地：非洲热带雨林与热带草原

寿命：50 至 60 年

食物：果实、坚果、树叶、昆虫、小型哺乳动物

天敌：花豹

濒危等级：濒危动物

黑猩猩是与人类血缘最近的动物。它们喜欢群居生活，每个群体通常有超过 50 只成员。攻击是最好的防御，黑猩猩组成较大的团体，齐心协力驱逐它们的天敌花豹，有时它们也会使用树枝等简单的武器。

黑猩猩非常聪明，能够使用工具。——相信总有一天我们能弄清楚它们自己品种的语言！

与黑猩猩不同，倭黑猩猩热爱和平，善于社交。它们的脸又圆又黑，身体较纤细，凭借这些特征，人们可以很容易将它们与黑猩猩区分开来。

倭黑猩猩

栖息地：非洲热带雨林

寿命：约 50 年

食物：果实、坚果、花朵、树叶、昆虫、小型哺乳动物

天敌：花豹

濒危等级：濒危动物

马达加斯加岛独有的动物

马达加斯加岛位于非洲大陆东部的海面上，在岛上生活的大多数动物都是世界上绝无仅有的。因为马达加斯加岛在 1.5 亿年前就脱离了非洲大陆，所以这里发展出了一些特有的物种。只分布在某一特定地区而没有出现在其他地方的物种，被人们称为"特有种"。它们在生态系统中、在时空上所占位置及其与相关种群的功能关系与作用，被称为"生态位"。马达加斯加岛上有 120 种特有的哺乳动物，其中包括 100 种狐猴，它们被称为"卡塔"与"马奇"。狐猴属于原猴亚目，是类人猿亚目的祖先。目前还有其他种类的狐猴等待被人们发现！

毛狐猴

栖息地：马达加斯加的森林

寿命：约 12 年

食物：树叶、果实

天敌：马岛獴（即隐灵猫）、马岛鹃隼

濒危等级：易危动物

体态小巧的毛狐猴喜欢在夜间活动。它们会花很多时间去寻找食物。毛狐猴看上去非常可爱，长着大大的眼睛，有一点像猫头鹰。它们身上的皮毛会让人们想起玩具熊。狐猴家族里还有身材娇小的倭狐猴、体型最大的大狐猴，以及色彩缤纷的冕狐猴。这些狐猴生活在树上，喜欢在白天活动。

指 猴

栖息地：马达加斯加的森林

寿命：未知

食物：果实、坚果、蘑菇、花蜜、昆虫

天敌：马岛獴

濒危等级：低危动物

中 指

指猴是一种在夜间活动的动物。它们拥有一张酷似啮齿动物的脸，有时会做出可怕的鬼脸。除此以外，它们的手指非常长，特别是中指。指猴可以使用它们长长的中指，从树洞中掏昆虫的幼虫吃。

狐狸是一种野生犬科动物，它们经常与獾生活在同一处洞穴里。因为狐狸对生存环境不挑剔，所以它们甚至会进入城市生活。

欧 洲

獾最喜欢吃各种植物。

欧洲是世界上第二小的洲，拥有许多山脉，例如阿尔卑斯山脉，以及位于西班牙的内华达山脉。欧洲的北面、西面与南面都临海。绵长的乌拉尔山脉构成了欧亚两洲的分界线。由于复杂的地质演化历史、高度密集的人口，以及差异很大的气候带，欧洲未能发展出像亚洲或非洲那样丰富的动物种类。然而，每个植被带，即以典型地带性植被为优势组成的地区，都有能适应相应环境的专家。

毛茸茸的小型穴居者

居住在欧洲的獾属于犬形亚目的食肉动物。它生活在一个大型的地下通道系统里，这里被人们称为獾洞。

獾洞会被下一代继续使用，因此一个獾洞的使用时间可能长达几十年。典型的獾洞还包括一个位于附近的地洞，它被作为厕所使用。所以，獾是绝对不会污染自己生活于其中的洞穴的！

关于松鼠

在很多公园里，都可以看见松鼠的身影。尽管对于我们来说并不陌生，但它们仍然属于野生动物。欧亚红松鼠广泛分布于欧洲中部到西亚的寒温带森林，而灰松鼠来自北美洲。这些忙碌的小动物们总是在寻找食物。松鼠习惯把自己吃不完的食物埋进土里，之后却经常找不到自己藏食物的地点，所以它们总是忙于

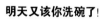
明天又该你洗碗了！

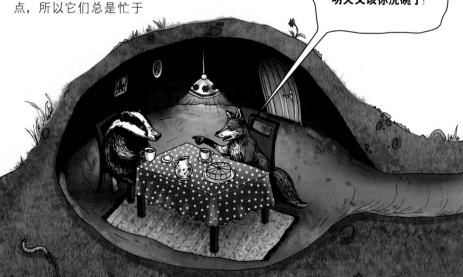

小旱獭趴在旱獭妈妈的肩膀上，看着它吃东西。

蝙蝠可以通过它们发出的超声波探测猎物，因为声波遇到障碍物时会反弹回来，被蝙蝠的耳朵听见。

寻找与埋藏。在阿尔卑斯高原生活着一种特殊的松鼠科动物——阿尔卑斯旱獭。它们会进行长达数月的冬眠。冬眠时，它们的呼吸会变得非常缓慢——每分钟只有两次。

啮齿动物

河狸是生活在流动水域边的大型啮齿动物，拥有非常强大的门齿，可以用门齿咬断树干，使树木倒塌，然后用树枝搭建可供其居住的巢穴。体重只有100克的睡鼠是啮齿动物，属于睡鼠科。睡鼠的名字可真是名副其实，在寒冷的季节，它们会选择一个暖和的角落，在那里安然睡上至少七个月。

在夜晚飞翔的动物

除了啮齿目以外，翼手目也是哺乳动物中种类极为丰富的一目，并且是唯一能飞的类群。在翼手目中，又分为小蝙蝠亚目与大蝙蝠亚目。其中大多数的动物都在夜间活动，为了进行定位，它们会在飞翔时发出超声波。这些声波频率很高，所以我们人类是听不见的，而蝙蝠可以根据声波遇到前方物体时的反弹而确定猎物的位置，或是绕开障碍物。在白天，蝙蝠会倒挂在牲口棚或阁楼的天花板上，将这些地方当作睡觉的场所。因为人类大大减少了这些适合蝙蝠的栖息之所，所以它们的生存受到极大的威胁。

➡ 你知道吗？

貂与鼬一样，都是属于裂脚亚目的食肉动物。许多貂都生活在城市里，它们喜欢躲在汽车发动机里，咬断电线，以试图通过这种行为，消除之前的貂为了宣誓领地所留下的气味。

因为皮毛柔软而浓密，河狸曾惨遭人类捕杀，一度濒临灭绝。如今在欧洲的许多水域，又能看见它们用树枝建造的巢穴。

河狸的巢穴

巢穴入口

大坝

狸狲的眼睛非常敏锐，在黄昏时分也可以看见猎物。

狼的一家通常由 5 到 10 只成员组成：狼爸、狼妈、小狼与上一年所生的小狼。

在森林与山区

通过人工培育以及放归野外的方式，有些食肉动物，例如狼、熊与狸狲，近年来又回到了欧洲中部的森林里。这三种动物都遭受过严重的猎杀。另外，由于越来越多的人前往原本荒无人烟的地带定居，它们的野外栖息地受到侵占。所有的食肉动物都需要广阔的活动空间，才能找到充足的食物。

我们又回来了！

狼是家犬的祖先，曾一度濒临灭绝，如今它们又慢慢地回到德国。时隔 150 多年后，这里又有小狼出生了。在一个狼群里，也就是一个家庭团体里，每年通常会有 3 到 6 只小狼出生。狼在养育小狼时，需要拥有足够的藏身空间，还希望能够捕获充足的猎物，以及找到大片可供长途步行的广阔土地。德国体形最大的陆地食肉动物是狸狲，如今也在德国时有出没。在清晨与午后，它们会在茂密的森林中悄悄地接近猎物，长长的腿与宽大的脚掌使其在深雪中也可以行走自如。狸狲属于猫科动物，耳朵上带有一簇毛，能敏锐地捕捉各种声音，在 50 米开外仍然可以听见某只老鼠发出的"沙沙"声。从 19 世纪开始，德国就没有了野熊的身影——除了布鲁诺以外！2006 年，布鲁诺在森林里游荡时被人类猎杀。现在它已被制成标本，在博物馆里陈列。在意大利、西班牙、斯洛文尼亚、奥地利等人烟稀少的森林与山区，反而更容易做到"爱惜生命，善待动物"。

因为布鲁诺不喜欢拍照，这里展示的是另外一只棕熊的照片。

寻熊启事

棕熊布鲁诺
一只热爱冒险的棕熊

身高：约 2 米

体重：约 500 千克

毛色：棕色

特点：怕见人，很聪明

来自：奥地利

最喜爱的活动：大口大口地吃绵羊、鸡、山羊，还有蜂蜜

驼鹿最显著的特征是它大大的铲子状鹿角。雄性驼鹿会使用鹿角争夺领地。

雄鹿的鹿角会在春季脱落。大约四个月后，新的鹿角就又长出来了。

关于角与蹄子

在全欧洲范围内，有一种动物成功地占据了一席之地——鹿科动物。

驼鹿是体型最大的鹿科动物，重达800千克。驼鹿属于偶蹄目动物，独自漫步在北欧的森林与沼泽地带。它们的特点之一是蹄间长有蹼，这样就不会陷入沼泽或深雪中。

黇鹿与马鹿生活在欧洲北部与中部的众多森林里。体型最小的鹿是西方狍。

在山区，臆羚与羱羊表现出翻山越岭的高超能力。这些羊亚科的高山攀爬者可谓名副其实的杂技演员！

只有雄性羱羊才拥有长长的角，它们的角可长达一米。

羱羊与臆羚
为何如此善于攀爬？

羱羊的蹄子四周都非常坚硬，而脚掌由柔软的肉垫组成，因而它们可以很好地附着在岩石上而不会滑落。

与羱羊一样，臆羚分开的脚趾就像内置的车刹一样，在非常陡峭的地段可以起到刹车垫的作用。

臆羚生活的团体最多由40只成员组成。遇见危险时，它们会通过口哨声互相警告。

蹄子是羱羊与臆羚最重要的攀爬工具。

真正的
生存艺术家

普氏野马的鬃毛会随着季节不同而变换颜色与长短。这种古老的马与家马不同，它们每年都会更换一次鬃毛。

亚洲是地球上面积最大的洲，多样的气候与植被类型给众多动物提供了家园。让我们到亚洲的上空看看吧！我们可以看见北极地区的永久冻土、寒冷荒芜的冻原、北方针叶林地区的树木、广阔的落叶林、草原地区、荒漠、全世界最高的山峰、热带雨林与岛上的群落生境。群落生境是隔离的栖息地，那里会出现特有的植物与动物。

野生动物奔跑的地方

生活在干草原与荒漠里的动物，必须能很好地适应周围环境。蒙古野驴可以仅以干草原上坚硬的草为食，它们是亚洲体型最小的野驴。蒙古野驴的奔跑速度极快，可以毫不费力地与赛马比赛。蒙古野驴从未被人类驯化，但只有少数的蒙古野驴还在野外过着自由的生活。普氏野马被视为现今所有马的真正祖先。这种粗壮而古老的马拥有像硬毛刷一样的直立鬃毛，并且与其他野马和蒙古野驴一样，也拥有一条脊中线。这条皮毛上的深色细长线条，顺着脊柱从整个背部一直延伸到尾部。在 20 世纪 70 年代，野外的普氏野马已经灭绝，通过人工培育以及放归野外的方式，它们得以存活。这些强壮的动物可以忍受超过 40 摄氏度的高温以及低达零下 20 摄氏度的严寒。如今，许多普氏野马都以动物园为家。只有在蒙古等国家，还有生活在野外的普氏野马。

➡ 你知道吗？

在德国的三家动物园里，人们对普氏野马进行培育，以便让它们在巴伐利亚州参加放归野外的计划。在泰勒洛尔森林的草原、灌丛与沙地上，普氏野马几乎过着和野外一样的生活。通过放归这些马匹，泰勒洛尔森林里的物种多样性得到了保护。

像我这样的一张脸，一定让人很难忘记，不是吗？

高鼻羚羊长长的鼻子自带空调与滤尘器的功能。

在冰河时期，高鼻羚羊就已经存在了。在阿拉斯加的一个洞穴里，人们发现了它们1.3万年前的骨骼残骸，还有相关的岩画。

大鼻子与短角

高鼻羚羊的大鼻子使它看上去像滑稽的卡通人物。人们猜测，这种类似大象的鼻子可以保护它免受灰尘的侵袭，还可以调节体温。由上千只高鼻羚羊所组成的大型团体游走在蒙古境内。在冰河时期，高鼻羚羊就已经存在了，那时它们的身影遍及整个欧洲。

在西班牙北部某省的洞穴里，刻在石壁上的岩画讲述着关于高鼻羚羊的故事，虽然这些岩画已经有超过1.3万年的历史，但高鼻羚羊颇具特色的鼻子依然可以被人们轻易辨认出来。

双峰骆驼属于胼足亚目：它们的脚上长有宽厚的肉垫，脚趾在前方分开。宽大的脚掌可以让它们长时间负载重物行走。

沙漠之舟

我们所提及的骆驼，一般都是指拥有两个驼峰的双峰骆驼，生活在亚洲地区。但骆驼科包含了多种不同的动物。

双峰骆驼柔软的皮毛使它们能适应荒漠里的极端温差。宽大的脚蹄使它们可以在沙子上行走自如。两个驼峰可用于储存脂肪，帮助它们度过食物缺乏的时期。如果没有水怎么办呢？没问题！在这种情况下，骆驼会升高自己的体温，使体内外温差减小，从而减少散热量，以利于保持体内水分。很聪明吧？换作是我们人类，早就倒下了。拥有一个驼峰的骆驼叫单峰骆驼，它们大多生活在阿拉伯沙漠里。

几百年来，人们都在驯养骆驼。骆驼可以行走极长的时间，还可以驮载重物，却只需要很少的食物。骆驼的步伐很特殊：它们左边的两条腿同时迈步，然后右边的两条腿再同时迈步……这导致骆驼在行走时会剧烈地摇晃，就像在海浪中行驶的船只一样，所以它们被称为"沙漠之舟"！

创造纪录 100 升

骆驼可以在几分钟内喝掉超过100升水！这对骆驼来说是小菜一碟，因为与许多其他的动物不同，骆驼的红细胞是椭圆形的，而不是圆形的，这些红细胞可以膨胀。

单峰骆驼在希腊语中的意思是"行走"，这种骆驼的确非常善于行走。

茂密的 丛林与森林

亚洲的森林居民

獴（1）可以吃蛇，它们在中亚被用来对付害兽，比如蛇和野鼠。

老虎（2）喜爱安静，如果栖息与狩猎地受到威胁，也会进入城市，例如印度。

鹿（3）的栖息地分布在整个欧洲与亚洲地区。

伶鼬（4）对栖息地的要求不高。

云豹（5）在海拔 2000 米的地区可以看见。

花豹（6）亚洲的多数花豹都生活在印度。

野猪（7）生活在欧洲与亚洲的森林里。

猞猁（8）多生活在北亚地区。

鼯猴（9）是会飞的哺乳动物，主要分布在东南亚，是一种非常特殊的草食动物。

亚洲黑熊（10）生活在欧亚大陆东部的森林中。

虽然难以置信，但在 100 万年前，老虎就已经出现，它是猫科动物中体型最大的物种。西伯利亚的永久冻土保存了古老动物的遗体，人们在那里找到了可以证明老虎 100 万年前就存在的骨骼化石。如今有六种不同种类的老虎生活在亚洲，它们捕食野猪、马鹿，还有小型有蹄类动物，如羚羊。西伯利亚虎，又称东北虎，是现存体型最大的猫科动物；体型最小的老虎则是苏门答腊虎。老虎的栖息地是丛林与森林地区。因为人们猎杀老虎，摧毁它们的栖息地，所以多数老虎的生存都受到了严重的威胁。苏门答腊虎与华南虎甚至已经濒临灭绝。

濒 危

在印度，人们发明了驯象的方法。如今在印度与缅甸，这种强壮的动物仍然被人们用来驮载重物。

灰色的"巨人"

亚洲象的体重可达 5000 千克。与非洲象相比，它们体型略小，体重略轻。亚洲象的耳朵也较小，因为它们的生活环境较凉爽，所以不需要通过耳朵大量散热。大象妈妈的孕期长达 22 个月，象宝宝要长到 17 岁才成年。这也难怪它们每天只长约 1 千克！

带斑点的优雅动物

花豹已被列入濒危动物红色名录。这种肌肉发达的大型猫科动物可以爬上垂直的树干，还能倒挂身体爬下来。花豹喜欢坐在树上，它们不仅能爬树，甚至还会游泳！它们的捕猎技巧是：先埋伏起来，然后偷偷靠近猎物，最后猛地扑上去，有时也会跟踪猎物。远东豹是一种稀有的豹类，生活在黑龙江等地。在一片跨越俄罗斯、中国与朝鲜三国的巨大森林中，能够看到它们的身影。

在夜晚无声无息地滑翔

在东南亚的丛林中，生活着一种很特别的滑翔专家：鼯猴。它们会爬上最高的树梢，从那里开始起飞滑翔。鼯猴最长可以滑翔 70 米，并且能够快速找到食物。鼯猴的翼膜从颈部一直长到腿部与尾部，赋予了它们高超的飞行技能。

9

看见我的领子了吗？我脖子上的毛很长，就像人类衣服上的领子一样，所以有时人们也会亲切地称呼我为"领子熊"。

6

易危

10

8

7

易危

5

濒危

2

不可思议！

虽然在动物园，老虎身上的条纹与毛色看上去非常显眼，但在它们的自然栖息地——丛林，却一点也不醒目，这样它们就可以静悄悄地接近猎物。

黑龙江地区的原始落叶林与针叶林给西伯利亚虎、远东豹、亚洲黑熊及许多其他动物提供了栖息地。

杂技演员与"毒侏儒"

红毛猩猩属于大型类人猿，生活在亚洲。这些安静的动物喜欢悠闲地从一棵树荡到另一棵树上。长臂猿属于小型类人猿，比红毛猩猩更活泼一些，它们是真正的马戏团杂技演员，而且还非常喜欢唱歌！猕猴也会发出声音，在发现敌人时，它们会利用不同的信号警告同类，让其他猕猴知道，到底是哪一种敌人正在接近它们，有可能是一条蛇或是一只猛禽。这非常实用！敌人们可要小心蜂猴：这种看上去无害的猴类，可以使用毒腺来防御敌人！当然在亚洲并不只生活着猴类，还有熊类，以及某些虽然名字中带着"熊"，然而看上去不像熊的动物——大熊猫和小熊猫。

长臂猿

栖息地：东南亚的热带雨林与山林

寿命：可达 25 年

食物：树叶、果实、鸟蛋、昆虫、小动物

天敌：蛇、花豹、猛禽

濒危等级：易危动物

长臂猿也被称为小型类人猿。这种灵长目动物没有尾巴，而且手臂比腿还长。在丛林中，它们可以灵活地在树枝间荡来荡去。

红毛猩猩

栖息地：婆罗洲与苏门答腊的热带雨林

寿命：可超过 50 年

食物：树根、树皮、果实

天敌：老虎、云豹、花豹

濒危等级：极危动物

虽然这种红棕色的类人猿体型很大，体重也可达 90 千克，但它们仍然栖居在树上。当地人称它们为"Orang-Utan"，意思是"森林中的人"。

长鼻猴

在所有灵长目动物中，长鼻猴最善于游泳与潜水。雄性长鼻猴的脸上长着一个像象鼻一样的大鼻子，这可能是为了讨雌性的欢心。

栖息地：婆罗洲的热带雨林

寿命：可超过 20 年

食物：树叶、果实

天敌：鳄鱼、野猫

濒危等级：易危动物

眼镜猴

栖息地：热带雨林、婆罗洲与菲律宾的灌丛

寿命：可达 12 年

食物：蜥蜴、昆虫

天敌：蛇、猛禽、猫

濒危等级：易危动物

眼镜猴喜爱在夜间活动，在它们小小的脸庞上，长着两只巨大的眼睛。

蜂猴

栖息地：印度尼西亚与印度的热带雨林

寿命：20 到 25 年

食物：果实、鸟蛋、昆虫、小动物

天敌：人类与其饲养的家畜

濒危等级：易危动物

棕色的大眼睛，一身毛茸茸的皮毛，使蜂猴看上去很可爱，但它们是有毒的！遇见危险时，它们会从手肘部的毒腺舔出毒液，然后通过咬敌人而使其中毒。

栖息地：热带雨林、山区、东南亚以及中国与日本的部分城市

寿命：可超过 30 年

食物：树叶、果实、种子、花朵、树皮、昆虫、鸟蛋、小动物

天敌：蛇、花豹、老虎

濒危等级：易危动物

猕　猴

恒河猴、狮尾猴、食蟹猴都是灵长目动物，是属于猕猴属的猴科动物。猕猴很聪明，例如日本猕猴学会了在天气非常寒冷的时候泡温泉取暖。

大熊猫

黑白相间的"皮肤"，活得悠闲自在——这是人们对大熊猫的印象。大熊猫最引人注目的就是它的毛色，这种特殊的毛色可能是一种伪装，或者用来调节体温。

小熊猫

栖息地：尼泊尔、印度、中国

寿命：可达 12 年

食物：以竹子为主，还有果实、坚果、树叶、树根

天敌：雪豹

濒危等级：易危动物

栖息地：中国海拔 4000 米的森林

寿命：在圈养的环境里可超过 30 年

食物：以嫩竹子为主

天敌：花豹

濒危等级：濒危动物

小熊猫属于独立的小熊猫科，并不属于熊科。小熊猫会像猫一样仔细地清洁毛发，所以它也被称为小猫熊。但小熊猫与猫的喝水方式不同，它会把一只爪子伸到水里，然后从爪子上舔水喝。

北美洲

野生动物的广阔生存空间

北美洲是一个地貌类型丰富多样的大洲，它拥有各种不同的气候带。北方是亚寒带气候，在这一大片冰雪地带里，生活着北极熊、北极狐与雪兔。亚寒带的南边是冻原带，广阔的湖泊分布在这个地带，是属于熊、驯鹿与驼鹿的栖息地。再往南是大片的森林地区，那里生活着许多小型哺乳动物，例如啮齿动物。北美洲中部生活着数量庞大的美洲野牛群。北美洲南部是亚热带沼泽地区，这里是鳄鱼以及各种哺乳动物的栖息地，例如兔子、狐狸或猞猁。但从亚洲传来的印度蟒威胁着本地的哺乳动物，当地的野生动物管理员一直都在尝试减少这种蛇类的数量。靠近北美洲西南部加利福尼亚州海岸的海洋地区，给许多海洋哺乳动物提供了栖息地，这里生活着鲸、象海豹、海獭等海洋哺乳动物。

育儿袋里的空间

唯一生活在北美洲的有袋类动物是北美负鼠，这是一种在夜间活动的杂食动物。雌性负鼠的孕期只有 14 天，它会生下约 20 只幼崽。但因为母亲的育儿袋里通常只有 13 个乳头，所以剩余的幼崽就只能饿死。

小负鼠长大一些后，就无法完全钻进母亲的育儿袋里了，所以有些小负鼠就会趴在母亲的背上。

有趣的事实

蒙混过关！

在遇到危险时，负鼠的演技一流，它们会在短时间内装死——闭上眼睛，张开嘴巴，倒在地上。它的呼吸会停止，还会从肛门附近的臭腺里排出一种恶臭的黄色液体。这个办法很有效，对于郊狼、狐狸、猫头鹰等天敌来说，它看上去一点也不美味了！

哈哈哈，我的独门绝技真是了不起！

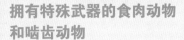

呸，真臭！

鼯鼠的飞膜使它能够滑翔
长达 400 米的距离。

臭鼬这个名字可不是空穴来风。

拥有特殊武器的食肉动物和啮齿动物

臭鼬主要生活在美洲地区，尤其是加拿大南部、美国和墨西哥北部的北美洲地区。臭鼬这个称呼实至名归：如果有敌人来袭，臭鼬就会竖起它们的尾巴发出警告，如果敌人不赶快主动逃离，它们就会被臭鼬尾部两个大臭腺所喷射出来的一种恶臭油性分泌物（臭鼬麝香）所射中。有时这种恶臭的液体会击中敌人的脸部，如果它进入敌人的眼睛，就会导致对方出现短暂性失明，从而失去攻击能力。在敌人被击中的这段时间里，臭鼬早就趁机溜之大吉了。

在北美洲，仅次于河狸的第二大啮齿动物就是属于美洲豪猪科的北美豪猪。它背部长有 3 万多根锋利的尖刺，长约八厘米，刺上还带有倒钩，能保护北美豪猪免受天敌的捕食。北美豪猪的幼崽刚出生时并没有刺，小豪猪一般会在出生后几个月才长出尖刺。

北美豪猪的刺很容易脱落，并且会扎入敌人的皮肤里。这种主要生活在加拿大的啮齿动物，拥有很聪明的武器！

草原犬鼠与鼯鼠

草原犬鼠是啮齿动物，属于松鼠科，与旱獭是同目同科的亲戚，从它们相似的身体结构上可以明显看出这一点。草原犬鼠，顾名思义，即生活在北美洲大草原上的松鼠，俗称土拨鼠。在这片草原上，它们可以找到许多最爱的食物——草本植物。白天，草原犬鼠会四处挖掘洞穴；到了夜晚，草原犬鼠会躲进自己的地下洞穴里。

作为北美洲最奇特的啮齿动物之一，鼯鼠喜欢在夜间活动。这种松鼠科动物早在数百万年前就已经出现在地球上了，在它的前肢、后腿及尾巴之间，长着一张多毛的飞膜。即使没有翅膀，利用这张飞膜，鼯鼠就可以灵活地从树梢向下滑翔——这是一种十分节省时间与力气的移动方式。

草原犬鼠并不是犬科动物，它们因为发出类似犬吠的警告声而得名。

蓬乱的毛发 或柔软的皮毛

在灰熊的颈背部有一块明显的隆起物，它让灰熊可以灵活地使用前爪挖土或捕捉猎物。这块隆起物是由肌肉组成的。

大块的肌肉！

科迪亚克岛棕熊生活在北太平洋海岸。如果鲑鱼顺着河流往上游，科迪亚克岛棕熊就可以找到大量的食物。这些高蛋白质的食物使科迪亚克岛棕熊的体型明显大于生活在更靠近南部地区的熊。

体型巨大的灰熊属于真正的北美洲"居民"，它的英文名字"grizzly"意为"发出灰色光芒的熊"，但也有灰熊长着偏棕色的皮毛。灰熊是体型最大的棕熊之一，一只成年灰熊体重可达700千克，肩高可达1.5米。灰熊是跖行动物，它的拉丁文名字含义是"居住在北极的可怕的熊"。但灰熊其实是单独行动的独居动物，它们在黄昏时出来寻找食物，例如成熟的浆果、鸟蛋、幼小的哺乳动物以及昆虫，为此它们要独自穿越大片地区。灰熊通常不会袭击人，但是这种庞然大物还是最好不要被我们遇到，以免碰上一只想要保护幼崽的、具有攻击性的母熊。

巨大的岛上"居民"

有些棕熊生活在阿拉斯加南部的海岛上，被人们称为科迪亚克岛棕熊。科迪亚克岛棕熊跟北极熊一样，都是体型十分庞大的陆地食肉动物。它们喜爱和平的生活方式，吸引了许多熊类研究者。科迪亚克岛盛产鲑鱼，而鲑鱼是科迪亚克岛棕熊最喜爱的食物，充足的食物使它们拥有巨大的体型。

灵敏的嗅觉

美洲黑熊体形硕大，四肢粗短，是北美洲最常见的熊类之一。虽然美洲黑熊毛色偏深，但它们的面部毛色较浅，就像戴了一副面具一样，这使它们看上去像可爱的玩具熊。美洲黑熊生性平易近人，但它们仍然属于杂食性野生动物，具有较强的攻击性，它们的嗅觉十分灵敏，能轻而易举地找到食物。

我可以和你们共进晚餐吗？我会保持低调的，我保证！

白鼬毛皮

这种白色的毛皮，曾经是纯洁与无罪的象征，深受贵族喜爱。

穿皮草的人类

在漫长的进化历程中，人类蜕去了体毛，动物皮毛就成了提供温暖与保护的重要来源。在很长一段时间里，皮草都是保暖性最好的衣服，皮草贸易也因此成了北美洲的一个大型产业。

在 16 世纪，防水性强的浣熊皮毛、欧亚水獭皮毛与河狸皮毛都非常受人欢迎。其他的一些动物，比如美洲水鼬，也因为拥有美丽的皮毛而遭受到人类的猎杀。

破坏生态平衡的新居民

如今，欧洲人开始在皮草养殖场里饲养美洲水鼬。这种不符合动物天性的饲养方式遭到了许多动物保护人士的抗议，他们要求释放这些动物。在动物保护人士的努力下，欧洲的皮草养殖场逐渐解散，所以大量的美洲水鼬重获自由，在野外占领了新的栖息地。但这些"新移民"正在威胁着整个生态系统：没有天敌导致它们可以迅速繁殖，并且在许多地方还取代了当地动物物种，例如欧洲水鼬。另外，它们还给鱼塘造成了重大损失，猎人们不得不绞尽脑汁，试图减少美洲水鼬的数量。

美洲水鼬会分泌出一种比臭鼬的气味更臭的分泌物。

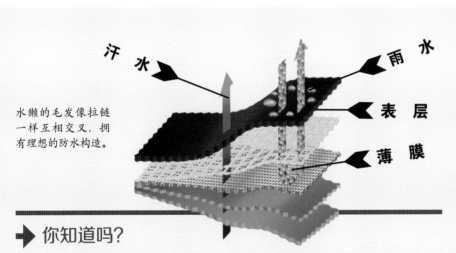

汗水

雨水

表层

薄膜

水獭的毛发像拉链一样互相交叉，拥有理想的防水构造。

➡ 你知道吗？

水獭浓密的毛发相互交叉，这样就可以防止水分渗入。鲍佰·戈尔与他父亲比尔·戈尔从大自然中汲取灵感，发明了戈尔特斯面料，这是一种防水、透气的面料，它的结构类似于水獭毛发，拥有许多细微的小孔，这样较大的水滴就无法渗入内部。不仅是水獭毛发，其他许多动植物的特性也同样令人惊叹，它们也因此成了人类解决生活问题的灵感来源。利用生物学，模仿大自然的智慧，以实现技术创新，这就是仿生学。

想研制和我的毛发一样漂亮的面料？那不可能！

强壮的独行者与群居动物

郊狼的叫声令人毛骨悚然，是《动物世界》理想的背景音乐。

如果美洲狮被一群狼跟踪，它会跳到树上去。

郊狼属于犬科动物，体型短小粗悍，总是成对栖息在北美洲东部地区。郊狼是杂食性动物，它们擅长群体猎食，但偶尔也会独自捕猎。它们拥有令人难以置信的适应力，因此分布范围非常广泛。有些郊狼会进入城市，并且还会在城里捕食家畜。

静悄悄的猎者

虽然美洲狮的体型较大，但它还是属于猫亚科，而非豹亚科。美洲狮在整个美洲地区都有分布，是西方世界里拥有最大栖息地的动物。美洲狮是独行动物，为了在交配期找到合适的配偶，它可以独自行走长达 1000 千米的路程。人和狼是美洲狮最大的天敌，美洲狮的猎物是其他哺乳动物，它喜欢悄无声息地袭击小型啮齿动物和鹿科动物。

群体造就成功

生活在北美洲的鹿科动物是真正的"巨人"，其中体型最大的鹿是驼鹿，紧随其后的是重达 450 千克的加拿大马鹿。北美驯鹿被称为"卡里布"，它们喜爱寒冷的加拿大森林，属于生活在最北端的大型哺乳动物之一。北美驯鹿喜欢吃草与地衣，但这些食物在冬天被埋在冰层下，驯鹿无法触及，所以它们必须进行一场向南迁徙的艰辛旅程。北美驯鹿会汇集成巨大的鹿群一起行走，庞大的鹿群通常由超过 10 万只驯鹿组成。它们必须跨越高山，渡过湍流，还要时刻警惕食肉动物的突然袭击。但在大型群体里，每个成员会受到很好的保护，能极大地避免被天敌捕食，毕竟许多双眼睛共同环视四周，能够更好地观察周围的环境！北美驯鹿的迁徙之旅超过 5000 千米，这是所有陆地哺乳动物中最长的迁徙距离。

创造纪录
5米

美洲狮可以跳到 5 米的高空，而且还是原地起跳！

由于物种保护计划的实施，如今许多美洲野牛又重返大草原。

原始的驼背长角动物

体型庞大的美洲野牛居住在北美洲等地，它们的大头与蓬乱的胡须十分引人注目。美洲野牛浓密的毛发只覆盖了身体的前半部分，剩下的部分看上去就像被剃刀剃过一样。35000 年前，美洲野牛的祖先曾经在今天的阿拉斯加地区生活和觅食。在石器时代的古老洞穴里，人们不仅发现了它们的骨头，还发现了描绘它们的岩画。长时间以来，人们都在大规模猎杀美洲野牛，在 19 世纪，这种大型野牛曾一度濒临灭绝。

麝牛也是一种体型巨大的动物。浓密的长毛能让它们适应极端的寒冷气候，在阿拉斯加与加拿大的荒凉冻原上行走自如。麝牛的眼睛很特殊，它们的瞳孔很大，而且视网膜非常敏感，即使在昏暗的冬季，麝牛也可以看得很清楚。在春季，当阳光照耀在雪面上，麝牛的瞳孔就会缩得很小，有时甚至会完全关闭，这样就只有少量甚至根本没有光线到达眼睛内部。通过这种方式，麝牛能避免患雪盲症，也就是说，它们的眼睛不会被阳光晒伤。

嘘!

知识加油站

▶ 北美洲的印第安人曾经使用一种特殊的方法捕杀美洲野牛：一个裹着野牛皮的印第安人，将野牛群引到悬崖附近，然后其他印第安人把这些动物赶入深渊。

▶ 麝牛的名字有什么由来呢？顾名思义，这是一种具有"麝香味"的牛科动物。在交配期，雄麝牛的尿液会散发出一种甜甜的刺鼻麝香气味，雌麝牛会被这种气味吸引。

北美驯鹿的另外一个名字"卡里布"来自印第安语。在鹿群中，它们可以很好地抵御狼、熊等天敌，但它们最大的敌人却是蚊子！

生活在 林冠下的动物

南美洲

南美洲看上去就像是一个带有弧度的巨大三角形，它位于美洲南部，是世界上第四大洲，主要通过中美洲与北美洲相连。南美洲西侧有一条高耸的山脉，从北到南贯穿整个大洲，它就是安第斯山脉。这里也是许多大河的起源地，例如亚马孙河。亚马孙河横穿巴西全境，跨越一片广阔的热带雨林，滋养着世界上最大的热带雨林。南美洲的地貌与气候带多种多样，包括：干燥的荒漠、广阔的牧场、一望无际的彭巴草原、广袤无垠的热带雨林，以及冰天雪地的南极地区。南美洲西部的安第斯山脉东侧降雨丰富，但西侧的太平洋海岸通常十分干燥。南美洲东部则是纵跨热带与亚热带的大西洋海岸。这些栖息地类型各异，给不同种类的动物提供了多样化的生存环境，让种类繁多的野生动物能在此繁衍生息。

动物迁徙

在约 6000 万年前，南美洲还是一块独立的大陆，这里曾经繁衍出许多品种奇特的哺乳动物，例如四种貘科动物中的三种。它们曾是南美洲的特有物种，也就是说，人们只能在这里找到它们。但在约 300 万年前，出现了巨大的变化：大陆板块相互碰撞，在北美洲与南美洲之间形成了许多小岛，一块新的土地——巴拿马地峡，从海里升起，成为连接南北美洲的大陆桥。南北美洲之间的道路和桥梁正式开通，许多动物开始从北美洲迁移到南美洲，也有许多从南美洲迁移到北美洲。这次"野生动物大交换"被动物学家们称为南北美洲动物大迁徙。

在 5300 万年前，南北美洲还是分开的，但它们正缓慢地朝着彼此的方向移动。

大约在 300 万年前，南北美洲发生碰撞，连接到了一起。

➡️ 你知道吗？

貘是真正的游泳高手，貘宝宝在出生后的几天就会游泳了！这些动作笨拙的家伙们能够在水里找到食物与躲避天敌的隐藏所。它们还会像潜艇那样下潜，人们只能看见它们露出的一小截筒状吻部，它们用这种方式在水里保持呼吸。

人类对貘构成了巨大的威胁，因为人类会捕杀它们，并且会逐步破坏它们的栖息地——热带雨林。

水豚与猪毫无关系，但它粗壮的体型容易让人联想到猪。

两种特殊的哺乳动物

貘是食草动物，喜欢在夜间活动，它是地球上最古老的哺乳动物之一。这种笨拙的动物，如今是中美洲与南美洲体型最大的陆地哺乳动物，它可以很熟练地使用它的短象鼻来闻气味、触摸或者抓住物品。貘的首选栖息地是热带雨林，在这里，它会给许多植物播种，因为貘喜欢摄入植物的种子，然后将其排出，让种子能够很好地在它的粪便中生长。

现存最大的啮齿动物

水豚的体重可达 50 千克，看上去就像几种不同动物的组合：它的身体长着粗毛，容易让人想起野猪；它笨拙的头与趾间的蹼，看上去又像一只河狸。这种食草动物的眼睛、耳朵与鼻子位于它扁平的头部上方，并且这些器官的位置都非常接近。因为水豚几乎总是在水里，所以它不用为了呼吸而大幅度地浮出水面。

它也会浑水摸鱼

只有亚马孙河豚的吻部长有触须，这些触须除了用于回声定位，还可以在浑浊的水中找到猎物。这种生活在亚马孙河中的独行者，可以用它们镊子般尖长的吻部捕捉鱼类以及采摘植物。

很好的悬吊工具

蜘蛛猴生活在南美洲的热带雨林中，它们喜欢从一根树枝荡到另一根树枝，四处移动。它们长而灵活的尾巴，是可靠的攀爬工具。

有趣的事实

为了给雌性留下深刻的印象，亚马孙河豚会在嘴中衔着一束由水草组成的"花束"，围绕雌性游动。因此，它们是与黑猩猩和人类一样的哺乳动物，擅长使用礼物，给异性留下好印象。

熊掌、兽爪与披甲

杂食性的动物

　　南美洲唯一的大型熊类是眼镜熊，它拥有引人注目的脸部毛色。眼镜熊是特有种，它主要生活在安第斯山脉的热带高山密林里。虽然它是一种杂食性的动物，但它经常吃植物，尤其喜欢吃凤梨。

攀爬艺术家

　　蜜熊是一种小型熊类，属于浣熊科食肉动物。蜜熊像杂技演员一样，在热带雨林的树梢翻来翻去。它用爪子牢牢地抓紧树木，并且把长长的尾巴缠绕在树枝上。它的脚趾可以防滑，所以光滑的树皮对它毫无影响。蜜熊超长的舌头可以从花朵里舔食花蜜，或从蜂巢里偷吃蜂蜜。除此以外，它还非常喜欢吃果实。

没有牙齿的长嘴动物

　　食蚁兽用它镰刀状的尖爪挖开白蚁丘，然后它把无齿的管状尖长吻部伸入其中，并且使用它那条布满黏液的长舌头，舔食那些小小的白蚁。食蚁兽粗长的皮毛可以保护它免受白蚁的噬咬。

披着盔甲的动物

　　犰狳喜欢在夜间活动，它们披着坚硬的盔甲，这种盔甲由角质骨板所组成。遇见危险时，犰狳会蜷成一团，三带犰狳甚至会完全蜷缩成一个球体。

创造纪录
6 分钟

　　披毛犰狳可以屏住呼吸长达6分钟。遇到危险时，它会把自己埋在洞里，屏住呼吸，等待敌人离开。

节省能量的奇迹

树懒喜欢静静挂在树上，像蜗牛一样缓慢移动。树懒真的很懒吗？并不是，它们其实非常聪明！因为这样可以节省很多能量，所以它们仅靠吃其他动物不屑一顾的低热量食物就能维持生存。另外，缓慢的动作会使树懒在丛林里不容易被发现。它们还与绿色森林融为一体，因为生长在树懒皮毛里的藻类，使它们的身体看上去发绿。

树懒可以使用它又长又弯的爪子，把自己牢牢地挂在树枝上。

谁的皮毛最美丽？

细腰猫

细腰猫长得像黄鼠狼，属于中型野生猫科动物，几乎整个南美洲都有分布。它栖息于低洼地带，独居，以鱼、小型哺乳动物、爬虫动物和鸟类为食。

美洲豹

美洲豹第一眼看上去与花豹很相似。但美洲豹比花豹更强壮，且腿部更短，头部更宽。另外，美洲豹皮毛上的斑点比花豹更大一些。

虎猫

虎猫是一种小型猫科动物，它拥有像花豹一样带有斑点的皮毛，分布在美洲，尤其喜欢生活在亚马逊地区。

黑豹

黑豹是印度豹的黑色型变种，又称为金钱豹或花豹。

高级皮毛与带肉垫的脚掌

几个世纪以来，毛丝鼠都因其柔软的皮毛而遭到猎杀，因此野生毛丝鼠的数量正在不断锐减。

南美洲广泛分布着品种繁多的骆驼科动物，比如：羊驼、驼羊、骆马和原驼，无论是野生还是家养，它们都生活在海拔高达 4000 米的草原、灌木林地、沼泽地区以及贫瘠的干草原上。作为社会性极强的动物群体，骆驼科动物喜欢群居生活。因为它们的家乡在"新世界"——美洲，所以它们也被称为"新世界骆驼"（羊驼族），这些动物比"旧世界骆驼"（骆驼族）的体型要小，并且没有驼峰。它们身上浓密又保暖的皮毛，能帮助它们抵御寒冷、强风与潮湿，这些毛还可以被制成优质的毛线。聪明的安第斯山脉居民驯化了羊驼与大羊驼，并在特定的牧场饲养它们。小羊驼居住在安第斯高原，它们的毛最昂贵，但是小羊驼是不易被驯服的。小羊驼是羊驼的祖先。

静悄悄的脚步

原驼是大羊驼的祖先。跟所有的骆驼科动物一样，原驼有厚厚的、像垫子一样的胼胝，它们具有防滑的作用，所以原驼可以在粗糙的草地上或者碎石地上持久地奔跑。居住在高山地区的动物们已经适应了空气稀薄的缺氧环境，特别是小羊驼，已经习惯了在超过海拔 4000 米的高处生活。小羊驼拥有一颗大大的心脏，可以输送很多红细胞，因而可以储存和携带更多的氧气。大羊驼主要用作驮畜，在荒凉的安第斯山脉高处，大羊驼是唯一一种在状况恶劣的碎石路上还能平稳前行的动物。

柔软又舒适

毛丝鼠是一种人们十分熟悉的宠物，因为它们皮毛柔软，所以也会被放在养殖场里饲养。在野外，它们喜欢生活在贫瘠的安第斯山脉上。这种群居性的啮齿动物喜欢昼伏夜出，它们会在夜间寻找草和果实，白天则喜欢在洞穴与裂缝里，依偎在一起。如果遇到敌人袭击，毛丝鼠可以使用两大绝招进行防御：喷洒尿液或者脱掉毛发。它们总是上演"虎口脱险"的戏码，袭击者经常只能抓住毛丝鼠的一团毛！

原驼能够耐受安第斯山脉的高海拔，以及那里恶劣的气候。只有在严寒的冬天，它们才会迁移到森林地带。

山兔鼠与平原兔鼠、毛丝鼠一样，属于毛丝鼠科动物。这只山兔鼠正在岩石上享受阳光浴。

大羊驼的性格安静友善，在欧洲地区，它们是深受儿童欢迎的远足伴侣。

在彭巴草原上挖洞

平原兔鼠虽然看起来像是旱獭与兔子的结合体，但它们其实是毛丝鼠的亲戚。这种体重可达八千克的夜行性啮齿动物，是真正的洞穴专家。平原兔鼠的洞穴系统，占地面积可达 600 平方米，并且拥有 30 个出口。它们在这里一起过着集体生活。与毛丝鼠不同，平原兔鼠会自己挖洞穴。在挖掘时，它们使用自己的前爪与鼻子。为了避免泥土进入鼻子里，平原兔鼠的鼻子上长有褶皱。

假兔子！

长耳豚鼠是一种豚鼠科动物，也被称为兔豚鼠。虽然这种啮齿动物并不属于兔科，但它像汤匙一样的长耳朵使它看起来很像一只兔子，特别是当它们在草原上跳跃的时候。长耳豚鼠与水豚都属于世界上体型最大的啮齿动物之一。

喋喋不休的大胡子

长尾豚鼠看起来像是一种混合了老鼠、海狸鼠，以及其亲戚水豚的动物，早在 500 万年前，它们就已经存在于啮齿动物家族中，并成了该家族的最后一员。人们称这个家族为长尾豚鼠科，它的拉丁学名意思是"可怕的老鼠"，因为长尾豚鼠的祖先们曾经重达一吨！长尾豚鼠非常健谈：它们发出各种叫声，做出磨牙和踏脚的动作，来进行交流。

长尾豚鼠是一种不愿见人的动物。直至今天，关于它们的生活习性，人们依然知之甚少。

不可思议！

像许多啮齿动物一样，长耳豚鼠也需要能够助其消化的物质。为了使它们的胃能更好地消化纯植物食物，长耳豚鼠会吃下它们的粪便，但这不是它们平常的干粪球，而是一种特殊的排泄物——由盲肠所排出的含水量高的盲肠便。

树袋熊只需要喝很少量的水。在澳大利亚原住民的语言里，"树袋熊"一词的意思是"不喝水"。

澳大利亚➤

桉树

有袋类动物 的国度

大洋洲是世界上面积最小的一个洲，其中最大的国家澳大利亚是全球第六大国家。澳大利亚在地理位置上位于美洲与菲律宾之间，塔斯马尼亚岛、新几内亚岛，以及许多小群岛也属于澳大利亚。澳大利亚跨越三个气候带：热带、亚热带和温带。所以，在澳大利亚有多种多样的栖息地，例如热带雨林、荒漠、沼泽地和草原。因为澳大利亚大陆在5000万年前就脱离了冈瓦纳古陆，并长期与其他大陆隔离，所以这里可以繁衍出许多特殊的动物种类。澳大利亚的大多数动植物，都是特有种，它们只生存在这里，而不会出现在世界其他地方。

知识加油站

▶ 树袋熊（考拉）的育儿袋开口朝下。育儿袋上强健的肌肉能够防止幼崽掉出来。

▶ 约六个月大的时候，小树袋熊就能够舒服地坐在育儿袋里，喝母亲盲肠里所产生的"婴儿泥糊状食物"。这种泥糊状食物对小树袋熊来说很重要，有助于提升它们对有毒桉树叶的耐受度。

▶ 树袋熊忠于自己的领地，所以森林火灾、森林砍伐，以及修建道路与住宅区，对它们来说都是严重的威胁。

树袋熊宝宝出生时，体重还不到一克。

育儿袋里的动物

澳大利亚的典型动物是有袋类动物。这些动物大多数都名副其实——它们的腹部有一个袋囊，就是所谓的育儿袋。经过短暂的孕期后，母体生下一只非常小的幼崽，它通常只有几克重。在出生之后，幼崽马上就会用它令人惊奇的强壮前肢，爬到可以给它提供保护的育儿袋里，然后牢牢地吸住一个乳头。它会在育儿袋里待上数月，在里面茁壮成长。

不久之后就会想吃桉树叶了！

树袋熊妈妈在睡觉，只有几天大的幼崽却醒着，它从育儿袋里探出头，好奇地向外张望。

可爱又安静的家伙

重达 14 千克的灰色树袋熊，是澳大利亚最典型的动物，也被称为考拉。它又大又圆的眼睛、浅灰色的皮毛、毛茸茸的耳朵与大大的黑鼻子，使它成了全世界最受欢迎的动物之一。这种在夜间活动的有袋类动物具有独特的身体构造：它锋利的前爪可以帮助它爬树，毕竟树袋熊通常只栖息在树梢上。因为它们几乎不需要饮水，所以也很少去寻找水源。它们食用的桉树叶中所含的水分，就可以满足它们很低的饮水需求。树袋熊大量地食用这种有毒的叶子，一只成年树袋熊每天需要吃 600 克到 1200 克的桉树叶。在吃之前，树袋熊会先用它们超级敏感的鼻子闻一闻，然后选择吃那些没有太多毒素的桉树叶，其他的事情都由它们的消化系统负责处理。毒素在消化过程中被中和，而树叶纤维会在长长的盲肠中被分解。树袋熊还有很特别的一点，它们两个合并的爪可以与大拇指合在一起，作为夹子使用，这样树袋熊就能够摘除那些喜欢躲藏在它们浓密又防水的毛发下的蜱虫了。

被称为恶魔的小家伙

不同的栖息地上，产生了许多不同科的有袋类动物，它们的名字很有趣，例如侏袋貂科、树顶袋貂科、环尾袋貂科、袋貂科与长吻袋貂科，还有少数肉食性的有袋类动物，例如袋獾，它又被称为"塔斯马尼亚恶魔"。如果袋獾发怒，它的耳朵就会变成红色，并且展现出攻击行为，还会发出很大的叫声，再加上一身黑色的皮毛，使袋獾看上去真的就像一个小恶魔。如今袋獾只生活在塔斯马尼亚岛，它们喜欢吃肉，包括腐肉。袋獾的颌骨非常强壮，甚至可以咬碎骨头。

创造纪录 30 分钟

在如此短的时间里，袋獾就可以吞掉相当于自身体重一半的肉量。

袋獾是现存体型最大的有袋类食肉动物。

一望无际的大地

在80种袋鼠中，大多数都生活在澳大利亚大陆，只有少数几种生活在塔斯马尼亚岛。

青儿袋里没有袋鼠宝宝！

红色的荒漠、干燥的草原、贫瘠的牧场、荒凉的岩石地貌……澳大利亚的内陆地区是一片宽阔又空旷的土地，澳大利亚的大部分土地面积都属于这一地区。除了北部降雨丰富的地带以外，澳洲内陆地区其他地方的生活环境都非常干燥。在这里生活的农场主们通常会养殖绵羊，他们必须跋涉相当远的距离，才能到达下一个地方，例如最近的超市。他们的生活非常困难，充满了艰辛。为了生存，这里的野生动物必须适应恶劣的环境。例如，为了适应炎热而干燥的环境，袋鼠必须调整饮食方式，它们吃草或树叶，充分地吸收食物中的营养与水分，因此袋鼠只需要喝很少的水就能维持生存，使它们能够在炎热与干燥的环境里存活。

跳跃的"新移民"

兔子也能很好地适应环境。1788年，第一批殖民者把兔子带到了澳大利亚，并且把这些动物关在牲口棚里。然而在1859年，有个牧场主放出了24只兔子。在不到40年的时间里，这些蹦蹦跳跳的小动物们，就几乎扩散到了整个澳大利亚大陆，并且毁坏了无数的田野与庄稼。为了防止这些兔子进一步蔓延到澳大利亚南部，在1901年，人们修建了一条长达1837千米的篱笆。如今，人们使用毒饵，来防止兔子继续繁殖。但这些小型啮齿动物每年仍然造成高达约数百万澳元的损失。

为了遏制泛滥成灾的兔子，在1901年至1908年，人们修建了总共长达3256千米的防兔篱笆。

澳洲野狗的适应能力非常强。它们喜欢居住在森林、草原甚至荒漠。

成群狩猎的澳洲野狗

　　澳洲野狗是澳大利亚体型最大的肉食性哺乳动物之一，它们是一种不依赖人类而独立生存的野狗。但它们其中多数都已经不是纯正的野生动物，而是与家犬杂交而产生的"混血儿"。澳洲野狗的体型与牧羊犬相似，它们之间通过不同的低吼声、呜咽声与嚎叫声来进行交流，这些声音有时候听起来就像在唱歌。但人们很少听见它们汪汪叫的声音，真正的澳洲野狗从来不会吠叫。澳洲野狗喜欢在夜间成群狩猎，它们是令袋熊、兔子、树袋熊与袋鼠感到恐惧的天敌。但澳洲野狗也会捕食绵羊等家畜，所以人类与野狗之间总是会出现紧张局势。一条条长长的野狗防护栏拔地而起，被用来保护绵羊群免受澳洲野狗的袭击。如果有澳洲野狗胆敢越过防护栏，人们就可以猎杀它。事实上，真正的澳洲野狗在绵羊饲养区已经灭绝了。仅在澳洲内陆还生活着一些野狗群，为了保护这一濒临灭绝的物种，人们划出一块野狗保护区，培育澳洲野狗，之后会把它们释放到野外。

难以置信——
但却真实存在

　　单孔目动物看上去与众不同，而且只生活在澳大利亚与新几内亚岛，它们既下蛋又哺乳，是哺乳纲中仅存的古老动物。单孔目动物的另外一个特点，就是它们的排泄与生殖系统是共用的。单孔目动物可分为两科：鸭嘴兽科与针鼹科。

全身长着刺的针鼹通常只下一个蛋。幼崽在母亲腹部的褶皱里成长，并且从腹部的泌乳区吸食乳汁。

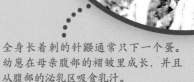

鸭嘴兽不仅能下蛋，它的后腿上还长有毒刺。在哺乳动物中，这两大特征都是极其罕见的。

典型的澳大利亚动物

除了树袋熊以外，澳大利亚最著名的有袋类动物还有袋鼠、袋熊与沙袋鼠。而且，袋鼠与鸸鹋都是澳大利亚国徽上的动物。袋鼠肌肉发达的尾巴可以作为活动时的第五条腿，也可以在休息时用于保持身体平衡。除此以外，袋鼠还拥有强壮的后腿和一身保暖的皮毛。它们短小的前肢还可以用来打拳击，雄性袋鼠甚至会通过拳击的方式来争夺领地。

攀爬高手与呆萌小熊

树袋鼠与袋熊都是很可爱的动物。树袋鼠生活在树梢上，它们喜欢白天睡觉。树袋鼠的后腿上长有宽大的脚掌，不易从树上滑落。而且它们脚上弯曲的"熊爪"，可以很好地帮助它们攀爬。

大大的圆眼睛，可爱到让人忍不住想抱一下，这就是袋熊。这种壮实的有袋类动物，每天会花上几个小时来吃草、苔藓和蘑菇。它们新陈代谢的速度非常缓慢，有时消化一顿饭都需要两周的时间。

聪明的舔食者

喜欢在夜间活动的沙袋鼠是袋鼠科动物，它们住在澳大利亚的部分海岸地区，白天它们会躲在阴凉处。当天气非常炎热时，沙袋鼠会使用一个简单的妙计，它们舔舐自己的前臂，因为这些潮湿的部位会形成蒸发冷却效应，使身体感觉凉爽舒适。

树袋鼠可以从 18 米高的地方跳到地面上来。

袋熊看起来就像小型熊类，而且它们拥有类似于啮齿动物的牙齿。

➡ 创造纪录
1.8 米

红袋鼠高达 1.8 米。它的跳跃距离长达 13 米之远。雌性红袋鼠的妊娠期只有约 30 天，然后生下两只 1 到 2 厘米的小幼崽，它们在育儿袋吸吮母亲的乳汁，哺育期可以长达 12 个月。在出生 22 周后，小袋鼠才会睁开眼睛。

沙袋鼠长约一米。与小小的头部相比，它们的耳朵显得特别大。

采访 袋鼠宝宝 皮娜

你好，皮娜，你真的是一只袋鼠吗？你怎么看起来这么小……

小怎么了？我可不是普通的袋鼠，而是一只"马拉"，也就是蓬毛兔袋鼠。在我刚出生的时候，我只有约一厘米长。等我长大了，我就有1到2千克重了！

哦，好吧。我想问一下，你为什么叫蓬毛兔袋鼠呢？

说实话，我更喜欢我的另外一个名字"马拉"，因为其实我的毛一点都不蓬乱！我的背部会长出浓密的软毛，而且我还有和兔子一样长的耳朵。很漂亮吧？你看看我的妈妈。

是的，漂亮极了！

我妈妈每天都会清洁我居住的"小袋子"，因为我还不能到育儿袋外面去，所以会把它当作厕所来使用。另外，为了不让我被磨痛，我妈妈还在育儿袋里抹了油。

细心的妈妈！但你在育儿袋里，能受得了妈妈跳来跳去吗？

我觉得这很好玩。而且如果我和哥哥饿了，想喝奶的话，妈妈会停下来静静地坐着。哥哥喝的是另外一种奶。妈妈每个乳头上的奶都不一样，它会给我们每个宝宝提供最合适的奶。它可真像是超级奶品店！

的确如此！皮娜，如果你将来长大了，并且不再坐在婴儿车，呃，是育儿袋，你会想吃些什么食物？

婴儿车是什么东西？嗯，好吧，我哥哥会吃很多草。他曾经告诉我，果实、草本植物与种子的味道也很好。我很好奇，不知道他说的这些是不是真的。而且……

而且什么？

他还告诉我一件不可思议的事情，有些原住民会收集我们的大便，然后用它们造纸！有个王子甚至收到了一幅在这种纸张上所绘的画，还把它视若珍宝！这是不是很疯狂？

哦，是的，这真的是很，呃——不寻常……
谢谢你，皮娜，非常感谢你参与这次有趣的谈话！

姓名：皮娜
年龄：三个月
爱好：待在妈妈的育儿袋里喝奶

你好，我是皮娜！

前往极地地区

北极地区

南极地区

刺骨的寒风掠过海上的浮冰，还有被冻结的大地。在这里，只有拥有厚厚的脂肪层、在羽毛上覆盖着一层隔热的油脂，或者长着一身暖和皮毛的动物，才能生存下去！极地地区生活着许多大型动物，它们赖以生存的优势是，这些动物体积大，而体表面积很小，这会让它们减少热量流失。

前往地球最北端……

我们来到了北极地区，也就是北极动物的栖息地。格陵兰岛与美洲、欧洲以及亚洲的北部地区同属于北极地带。因此，北极地区与南极地区不同，北极地区是与大陆相连的。这使一些哺乳动物可以从陆地抵达这片气候恶劣的地区。对于因纽特人，也就是格陵兰岛的居民来说，鲸、港海豹与海豹是他们的主食，这些动物肉类中含有大量脂肪，是他们的生活必需品。

一身热乎乎的皮毛

北极狐可以很好地隐藏在雪地里，并且潜伏起来，等待猎物自投罗网。这种犬形亚目食肉动物的皮毛每个季节都能给它们提供很好的伪装，北极狐的皮毛在冬季是白色的，在夏季是米褐色的。北极狐不怕冷，因为它拥有所有哺乳动物中最保暖的皮毛！另外它长满厚毛的脚爪也使它感到温

北极熊生活在北极。它们的体重可达800千克，因此，它们是体型最大的陆地食肉动物。

知识加油站

▶ 北极熊的熊掌非常宽大，可以使它们巨大的体重均匀地分散在冰层上，从而使冰层不会很快破裂，特别是在冰层较薄的时候。

▶ 其实，企鹅与北极熊只能在动物园里相遇，在大自然，它们绝对不可能遇见彼此，因为企鹅只生活在南极，北极熊则只生活在北极。例如帝企鹅非常喜欢南极冰冷的气候，而北极熊却根本无法在这样的环境生存。

海豹猎人在可爱的小海豹面前也没有停止杀戮。如今已经有严格的法律限制猎杀海豹的行为。

暖。如果北极狐还是觉得有点凉，它可以把蓬松的尾巴像围巾一样遮在脸上。

海兽脂与熊科动物

许多北极地区的哺乳动物都生活在海里，这里有充足的食物。一层厚厚的脂肪层，也就是所谓的海兽脂，可以避免这些动物的体温过低。海象、海豹与鲸都拥有海兽脂，北极熊也是如此，它主要在海水中捕猎，并且非常善于游泳，从它脚趾间的蹼也可以看出这一点。北极熊的皮肤是黑色的，它可以很好地储存热量。它的皮肤下面是一层厚厚的脂肪层，皮肤上方长着浓密的中空毛发，这种毛发有助于北极熊保持体温。

前往地球最南端……

我们来到了南极地区。这里比北极地区更寒冷，人们曾在这里测量过零下90摄氏度的低温！所以，也难怪在这里只生活着在科考站

工作的勇敢科学家。恐怕也只有像海豹、鲸和企鹅这类动物能够抵御如此酷寒的天气。

用翅膀游泳的鸟类

企鹅在地面上的行动看上去有些笨拙，但它们在水里可以使用自己的翅膀，像箭一样迅速又优美地游动。企鹅身上浓密且覆盖着油脂的羽毛，可以保护它们免受寒冷的侵袭。羽毛内部的绒毛与皮肤之间有一层空气，也可以起到保温作用。

会游泳的"巨人"

鲸生活在所有的海洋里。但在夏季，某些鲸类会抵达南极地区，其中也包括蓝鲸。它们每天会吞食两到三吨磷虾，这是一种小型虾类。蓝鲸吃饱之后，就会在冬季向赤道游去，它们会在热带温暖的水域里进行交配。

雄性帝企鹅会在长达60天的时间内进行孵卵，在这期间，它无法吃到食物。

←冬季的皮毛

有些哺乳动物会通过换毛来适应不同季节的气温。换毛后，皮毛的颜色、密度和长度都会有所改变。

←夏季的皮毛

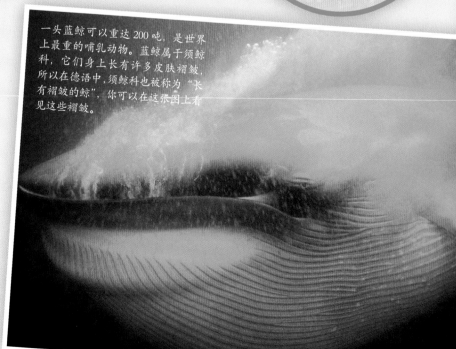

一头蓝鲸可以重达200吨，是世界上最重的哺乳动物。蓝鲸属于须鲸科，它们身上长有许多皮肤褶皱，所以在德语中，须鲸科也被称为"长有褶皱的鲸"，你可以在这张图上看见这些褶皱。

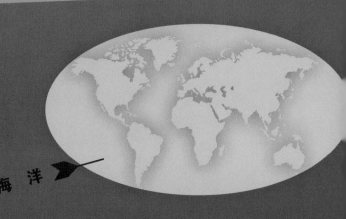

潜入海洋世界

海洋

地球上只有三分之一的面积是陆地，其他大部分地区都被海水所覆盖。海面下隐藏着神秘的景观，以及高耸的山脉。无数的动物生活在这片栖息地里，它们完美地适应了海洋里的生活。

像水里的鱼儿一样……

鲸和海豹也能像鱼儿一样游泳，但它们是哺乳动物。海洋哺乳动物流线型的身体、轻型的骨骼结构，以及它们的鳍、恒定的体温、强大的肺与厚实的脂肪层，都极好地适应了海洋环境。

体型庞大的鲸类

根据不同的口部工具，鲸目被分为两个亚目：须鲸亚目与齿鲸亚目。蓝鲸与长须鲸是体型庞大的鲸类，它们与弓头鲸、座头鲸与小须鲸一样，都只吃浮游生物。这些鲸类通过它们

世界上最著名的抹香鲸，是小说《白鲸》里的白鲸莫比·迪克。作者赫尔曼·梅尔维尔（1819–1891）在他的书里描述了捕杀一头白色抹香鲸的故事。在故事的结尾，捕鲸船被莫比·迪克撞破，双方同归于尽。

的鲸须，也就是位于上颌长约一米的板状物，来过滤这些浮游生物。抹香鲸属于齿鲸亚目，它可以吞食整条巨型乌贼。抹香鲸的体重可达50吨，因此它是世界上体型最大的、长有牙齿的哺乳动物。聪明的海豚也属于齿鲸亚目，拥有约40个种类。它们生活在大型群体中，喜欢追随船只，在波浪上跳跃，还能在水中站在它们的尾鳍上，伸出头部，并且保持平衡。这种社会性很强的动物拥有愉快的、向上翘的嘴角，可以发出很有趣的叫声，因此，它们看上去心情总是很好。体型最大的海豚是虎鲸。它的身体上有黑、白两色的图案，因此它明显不同于一般的灰色海豚。虎鲸因为具有比较暴力的捕猎方式，被冠以"杀人鲸"的称呼。虎鲸不会毫无目的地杀死海豹、小型鲸或企鹅，它们只在需要食物时才会捕杀猎物，因此，人类没有必要害怕它们。

抹香鲸可以潜入超过1000米的深海里。

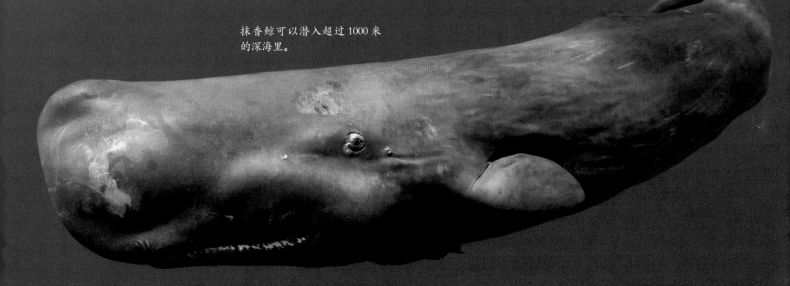

海豚的大脑比其他的哺乳动物要大。因为海豚具有很好的学习能力，并且也喜欢玩耍，所以它们在医学上常常被当作治疗性动物。

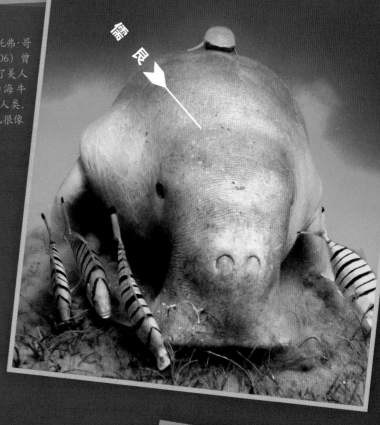

航海家克里斯托弗·哥伦布（1451—1506）曾经把海牛当成了美人鱼，这是因为海牛的脸长得很像人类，而且它们的尾巴很像分叉的鱼尾。

儒艮

海洋中悠闲自在的厚皮动物

除了鲸与海豹外，草食性的海牛是体型第三大的海洋哺乳动物。它们长期生活在水中，并且会缓慢地一圈又一圈游动。看上去很滑稽的儒艮也属于海牛目，它们生活在亚洲与澳大利亚的浅海滩，并且在那里吃海草。儒艮朝下弯曲的嘴巴也特别适合它们取食海草。这种怕生的动物喜欢成群活动，并且总是待在同一个地方。

知识加油站

▶ 一角鲸居住在北极地区。雄性一角鲸拥有一根长达三米的长牙，它从左上颚生长出来，呈螺旋状。这根长牙是一角鲸的"测量仪"，一角鲸可以借助它感知水温、压力与含盐量。

海岸上的无助"巨人"

为何时常会有整个鲸群搁浅，人们至今尚未真正解开谜团。有人猜测，可能是越来越大的水下噪音导致了这一现象，这些噪音来源于行驶的船舶或矿产勘查。鲸通过它们的耳朵"查看"周围环境。如果它们的声波信号受到干扰，鲸就无法正确定位，也无法相互沟通。

在巴西海岸上也经常有鲸搁浅。有时候，救援人员可以成功地解救它们。

名词解释

物 种：一群拥有相同特点的生物，可以互相交配，繁殖出具有生殖能力的后代。

放归野外：将被圈养或被人工培育的动物放回大自然。

有袋类动物：哺乳动物的一种。有袋类动物没有真正的胎盘，生出的幼崽发育不全，需要在育儿袋里吸吮乳汁。

特有种：只生活在某个地区的物种，例如澳大利亚的袋鼠。

家 畜：由人类培育和驯养的动物。欧洲最古老的家畜是狗，之后是猪、牛、绵羊、山羊、驴和猫。

有蹄类动物：体型庞大、四肢细长、趾端有角质蹄的哺乳动物。有蹄类动物分为偶蹄目与奇蹄目。

单孔目：一种原始的哺乳动物，它会产卵、孵卵，并且乳养孵化出来的幼崽。

类人猿：一种大型猿类，它拥有很长的手臂与浓密的毛发，而且可以在地面上半直立行走。根据其演化历程可知，它是人类的近亲。

啮齿动物：一种拥有强大门牙的哺乳动物。它们的门牙可用于吃东西、剥树皮、咬断树木、挖洞与防御。啮齿动物的门牙会不断地生长。

奇蹄目：哺乳动物下的一个目，因趾数多为单数而得名，例如马、貘与犀牛。

偶蹄目：哺乳动物下的一个目，因趾数多为双数而得名，例如猪、鹿、骆驼等。

食肉动物：通常长着大型牙齿与锋利爪子的动物，例如狗、猫、熊、鬣狗。食肉动物以肉类食物为主，它们会追逐并且杀死猎物。

热带雨林：一种常绿森林，主要位于热带潮湿地区，为许多物种提供了栖息地。人类过度毁林开荒对热带雨林造成了严重威胁。

领 地：某些哺乳动物的领域，例如猫就拥有自己的领地。

濒危物种红色名录：列出所有濒危动植物种类的名录。

哺乳动物：一种胎生的脊椎动物，它们会用乳腺分泌乳汁，给自己的幼崽哺乳。哺乳动物是恒温动物，这意味着无论是生活在寒冷还是温暖的地带，它们总是保持着同样的体温。

亚热带：地球上的一种气候带，位于温带与热带之间，夏季与热带一样热，冬季比热带冷。

北方针叶林：北半球上的一种景观类型，它由针叶林和沼泽地组成，那里生活着许多动物种类。

伪 装：某些动物会模仿其他危险动物而进行伪装，使它们看起来也具有危险性。还有一些动物会与自己周围的环境融为一体，几乎不被发现。

热 带：地球上的一种气候带，它位于赤道两侧。热带气候的特征是持续高温，以及湿度很大。

冻 原：北半球上一种空旷、无树的景观类型，这里只生活着少量动物。

野生动物：完全不依靠人类生活、未被驯服且生活在野外的动物。

冬 眠：某些哺乳动物处于休眠的一种状态，以安全度过冬季。

脊椎动物：拥有脊椎骨的动物。

荒 漠：地球上植被稀少或完全没有植被的地区，生活在这里的动物已经完美地适应了恶劣的环境。

内 容 提 要

　　本书介绍了生活在世界上不同地方的野生动物。让我们一起走进野生动物的世界，共同领略它们从未被驯服的野性。《德国少年儿童百科知识全书·珍藏版》是一套引进自德国的知名少儿科普读物，内容丰富、门类齐全，内容涉及自然、地理、动物、植物、天文、地质、科技、人文等多个学科领域。本书运用丰富而精美的图片、生动的实例和青少年能够理解的语言来解释复杂的科学现象，非常适合 7 岁以上的孩子阅读。全套图书系统地、全方位地介绍了各个门类的知识，书中体现出德国人严谨的逻辑思维方式，相信对拓宽孩子的知识视野将起到积极作用。

图书在版编目（CIP）数据

　　野生动物 /（德）克里斯廷·帕克斯曼著 ；张依妮译 . -- 北京 ：航空工业出版社，2022.3
　　（德国少年儿童百科知识全书 ：珍藏版）
　　ISBN 978-7-5165-2905-8

　　Ⅰ . ①野… Ⅱ . ①克… ②张… Ⅲ . ①野生动物—少儿读物 Ⅳ . ① Q95-49

　　中国版本图书馆 CIP 数据核字（2022）第 025122 号

著作权合同登记号
图字 01-2021-6320

WILDE TIERE Ungezähmt in der Wildnis
By Christine Paxmann
© 2015TESSLOFF VERLAG, Nuremberg, Germany, www.tessloff.com
© 2022 Dolphin Media, Ltd., Wuhan, P.R. China
for this edition in the simplified Chinese language
本书中文简体字版权经德国 Tessloff 出版社授予海豚传媒股份有限
公司，由航空工业出版社独家出版发行。
版权所有，侵权必究。

野生动物
Yesheng Dongwu

航空工业出版社出版发行
（北京市朝阳区京顺路 5 号曙光大厦 C 座四层　100028）
发行部电话：010-85672663　010-85672683
鹤山雅图仕印刷有限公司印刷　　　　　　全国各地新华书店经售
2022 年 3 月第 1 版　　　　　　　　　　2022 年 3 月第 1 次印刷
开本：889×1194　1/16　　　　　　　　字数：50 千字
印张：3.5　　　　　　　　　　　　　　定价：35.00 元